기 억 이 주 는 선 물

추억 속에 숨겨진
치유의 능력

우리는 매일, 매시간 기억을 만들며 살아갑니다. 벅찰 만큼 행복한 기억도 있고, 낭떠러지에서 추락하는 것처럼 절망스러운 기억도 있습니다. 이러한 기억들은 우리를 구성하고 있는 자아가 아닐까요? 우리는 가끔 우리가 가지고 있는 기억과 유사한 상황을 마주했을 때 과거를 회상하며 잠시 그때의 나로 되돌아가곤 합니다.

분주하게 살아가는 우리에게는 잠시 삶을 멈추고 회상(reminiscence)하는 시간이 필요합니다. 회상은 단순한 과거 기억에 대한 추억을 넘어서 심리적으로 매우 중요합니다. 과거의 사건에 대한 감정을 떠올리고 다시 생각해 보는 것은 인생 회고의 과정인 동시에 지나온 삶에 대한 객관적인 평가를 할 수 있기 때문입니다.

즉, 과거의 성공과 실패를 회고해 보는 것은 자신의 인생을 좀 더 의미 있는 것으로 깨닫게 해줄 뿐만 아니라, 노년기에 접어든 현재의 삶에 보다 잘 적응할 수 있는 심리 상태를 만들어줍니다.

회상의 내용에는 긍정적이고 만족스러운 기억뿐만 아니라 부정적이고 가슴 아픈 사건에 대한 기억도 물론 있습니다. 우리는 회상을 통해 과거 사건들을 현재 상황에 맞게 재해석할 수 있습니다. 이러한 과정은 분노나 죄책감 같은 부정적인 감정이 긍정적으로 재해석되고 재구성되어 나 자신의 일부분으로 통합되는 것을 가능하게 합니다.

회상을 통해 과거의 삶 속에서의 미해결 과제나 부정적 정서에 대한 새로운 평가가 이뤄지기도 하고, '생애 회고'를 통해 과거 경험을 새롭게 조명하여 과거의 나와 현재의 나를 통합할 수 있습니다. 이 책은 과거의 기억과 현재의 나를 조직화하여 통합된 기억을 만드는 매개의 역할을 할 것입니다.

이 책은 크게 두 가지 파트로 구성되어 있습니다. 제1장은 '라이프 리뷰 회상 컬러링(Life review reminiscence coloring)'으로 과거에서부터 현재, 미래의 시간순으로 도안이 펼쳐져있습니다. 고령자인 독자들이 과거의 기억들을 차근차근 되짚어 보며 현재의 기억들과 연결하고

자녀들에게 남기고 싶은 말도 쓸 수 있도록 되어 있습니다.

회상이 과거 한순간의 경험이나 사건을 떠올리는 것이라면, 라이프 리뷰(life review)는 회상의 구조화된 형태라고 할 수 있는데 한 사람의 일생을 되돌아보며 시간순으로 회상을 하는 것입니다. 라이프 리뷰(life review)는 명확한 과거의 사실을 기억해 내는 것에 중점을 두는 것이 아니라, 자신의 목적에 맞게 기억을 재구성하거나 재해석하여 삶 전체를 조화롭게 통합하여 긍정적이고 건강한 노년기를 맞이할 수 있도록 도와줍니다.

유년 시절로 돌아가 5, 6남매 대가족 식사의 추억부터 학교 교실 난로 위에 도시락을 올려놨던 경험, 친구들과 소독차를 따라갔던 경험, 그리고 마침내 성장하여 부모가 되어 첫 아이를 갖게 된 벅찬 순간들, 자녀를 결혼시키고 손자까지 보는 모습 등 현재의 나를 있게 해준 다양한 순간들을 만날 수 있습니다. 라이프 리뷰 회상의 중심에는 가족이 있으며, 인지력 향상을 위해 숨은그림찾기, 계산 문제 풀기 등을 포함한 약간의 해학적인 요소도 담겨 있습니다.

저자는 다년간 요양 시설에서 신체적으로나 인지적으로 어려움을 겪고 있는 고령자들을 대상으로 미술치료를 진행해 왔습니다. 주로 단순한 컬러링 그림에 색칠하여 고령자의 촉각, 시각뿐만 아니라 그림과 관련된 과거의 즐거운 기억을 끌어내는 과정이었습니다. 고령자들은 즐거운 추억과 관련된 얘기를 할 때면 너무나 행복해했습니다. 그래서 좀 더 체계적으로 고령자들을 돕고자 '라이프 리뷰 회상 집단미술치료'를 구상하게 되었고, 회상 주제를 정하고 자유화를 통해 그리게 했습니다. 그러나 많은 고령자가 회상 주제에 맞는 장면을 생각하고 그리는 것을 부담스러워 했고, 자신의 그림 실력이 형편없어 못 그리겠다고 했습니다.

그래서 체계적으로 회상을 도울 수 있는 구조화된 회상 컬러링이 필요하다고 생각했고, 한 사람이 일생을 살아오면서 겪었을 만한 보편적인 주요한 인생의 사건들을 시간순으로 추려냈습니다. 그리고 기억력

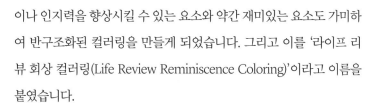

이나 인지력을 향상시킬 수 있는 요소와 약간 재미있는 요소도 가미하여 반구조화된 컬러링을 만들게 되었습니다. 그리고 이를 '라이프 리뷰 회상 컬러링(Life Review Reminiscence Coloring)'이라고 이름을 붙였습니다.

이 '라이프 리뷰 회상 컬러링'을 이용하여 요양시설의 협조를 얻어 시설 거주 고령자 중 신체적, 인지적으로 다소 어려움이 있는 고령자들을 선발하여 약 4개월간 라이프 리뷰 회상 집단미술치료 프로그램을 실시하였습니다. 이 프로그램을 진행하는 동안 단순히 라이프 리뷰 회상 컬러링만을 사용한 것이 아니라 좀 더 치료적인 효과를 얻기 위해 여러 가지 자극 재료들을 준비해서 같이 사용했습니다.

영화가 주제일 때는 회상 컬러링과 관련된 추억의 영화 포스터들을 보여주고 옛 영화 음악을 들려주기도 하였고, '뽑기'와 관련된 주제에서는 대학로에 가서 '뽑기'를 사서 수업 시간에 보여주고 직접 뽑기도 하고 나눠서 먹을 수 있는 경험을 하도록 했습니다. 이 프로그램이 끝

난 후, 참가한 고령자들의 행복감이 증진되었고 기억력이나 인지력이 좋아졌다는 것을 알 수 있었습니다. 그래서 많은 고령자들이 이 라이프 리뷰 회상 컬러링을 통해 도움을 받았으면 하는 마음에 이 책을 구상하게 되었습니다.

여기에 소개되는 회상 컬러링들은 요양시설에서 임상을 하면서 사용했던 컬러링들인데 이후 피드백을 통해 일부 수정된 것입니다. 라이프 리뷰 회상 컬러링은 단순한 색칠공부 컬러링이 아닙니다. 개개인의 서로 다른 경험의 차이를 반영하고 인지력을 향상시키기 위해 반구조화된 그림입니다. 즉, 얼굴 표정이나 미완성된 부분들은 직접 그려야 합니다. 또 필요하다면, 추가로 그림을 그릴 수 있도록 여백을 두었습니다. 그러나 반드시 그림을 완성할 필요도 없고 그림의 모든 부분을 다 그릴 필요도 없습니다. 자신이 할 수 있는 만

큼, 혹은 자신이 하고 싶은 만큼만 그리고 색칠하면 되기 때문에 완성에 대한 부담은 가지지 않아도 됩니다. 현재 자신의 에너지의 상태, 개인적인 경험의 차이 등을 고려하여 그리면 됩니다.

그리고 각 컬러링마다 집단 프로그램에 참여했던 고령자들이 이 컬러링을 그리면서 했던 이야기들을 수록해 두었습니다. 그림을 그리면서 다른 사람들의 경험이나 생각도 알 수 있습니다. 또 이 책이 요양시설에서 고령자들을 돌보시는 분들에 의해 사용될 경우를 위해 책의 마지막 부분에 전문가용 활용방안도 함께 수록했습니다.

제2장의 '실버 컬러링(Silver Coloring)'에서는 시간의 순서와 관계없이 기억의 단편들을 회상할 수 있는 다양한 도안들이 펼쳐집니다. 복주머니, 재봉틀, 못난이 인형 등 그동안 고령자들과 미술치료과정을 진행했을 때 가장 좋아하며 행복한 미소를 지었던, 많은 추억을 불러일으켰던 그림들을 선정하였습니다. 나만의 색으로 하나씩 작품을 완성

하는 기쁨을 만끽해보세요. 이 책이 순간순간의 소중한 기억의 단편들이 되기를 소망합니다. 만일 자식들이 부모님을 위해 이 책을 선물한다면, 부모님의 곁에서 한 장씩 완성되어 가는 그림을 바라보며 그 시절 이야기를 나눠보는 것은 어떨까요? 훗날 이 순간을 회상한다면 하나의 선물 같은 기억이 될 것입니다. 그리고 내 부모님에게는 내 자녀와 함께 빛났던 과거를 얘기할 수 있는 행복한 순간이 될 것입니다. 먼 훗날 부모님이 점점 기억을 잃게 되거나 내가 부모님을 회상하는 순간이 올 때 이 책에 남긴 부모님의 작품이 부모님을 기억할 수 있는 좋은 추억이 되고, 부모님이 여러분에게 남긴 선물이 되었으면 좋겠습니다.

이 책을 선택한 여러분 모두에게 또 하나의 기억을 선물하고 싶은 마음으로…

조영신

치매 예방을 위한 회상요법

고령자 900만 시대
코로나 19, 집콕, 우울증으로 힘들어하는 고령자에게
회복과 웃음을 주는 추억 색칠하기

기억이 주는 선물

일생을 되돌아보며 하는 컬러링
Life Review Coloring

조영신 지음

Contents

제1장

라이프 리뷰
회상 컬러링

Life review
Reminiscence
Coloring

과거에서부터 현재
또는 미래로 시간 순으로
반구조화된 회상 컬러링

1.
어린 시절
가족 밥상

어릴 때, 밥상에 올라오던
반찬을 그려 넣고,
빠진 가족도 그려 넣어 보세요.

"여기는 시금칫국, 여기는 고사리나물을 그릴 거야."
"난 형제가 8남 1녀야. 아들이 많은 집이었지.
내 형제들이 많아 다 그려 넣을 수가 없어. 여동생만 그려 넣었어."
"우리 집은 딸만 일곱이야. 내가 막내였지.
딸만 있어도 가족 분위기는 좋았어.
사랑 많이 받았지. 이 밥상에 그릴 사람이 너무 많아 다 못 그려.
옛날 생각이 나네!"
"장남은 밥상머리에 앉고, 생선 머리는 아들 거야."

그림의 배경을 표현하면서 옛날 어려웠던 시절의 이야기를 하였다.
그때는 자식을 많이 낳아야만 했고, 일본강점기의 위안부 문제까지 이야기하며
눈시울을 붉혔다.
쌀 배급을 받았다고 하시며, 그 시절의 비리에 대해서도 언급하였다.
여성 고령자의 경우는 자신이 잘하는 요리에 대해서도 설명하였다.
그림에 색을 칠하면서 색채 속의 아련한 기억과 연결하기도 하였다.
어떤 요리를 표현하고 그 음식에서 냄새도 나는 것 같다고 하였다.
이 그림에 "우리 집 밥상", "식사시간", "가족 밥상", "생일파티" 등의 제목을 붙였다.

활용 방법

1. 나의 어린 시절, 부모, 형제에 대한 생각을 떠올려본다.
2. 어린 시절, 우리 집 밥상에 올라왔던 반찬과 빠진 가족을 그려본다.
3. 그림을 완성한 후, 그림의 제목, 그린 날짜, 자신의 이름을 쓴다.
4. 주로 어떤 대화가 오고 갔는지, 어떤 반찬이 맛있었는지 이야기해 본다.

2.
어린 시절
가족들과 함께
만든 송편

가족들과 함께 만들던 송편을
그려 보세요.

"나는 송편을 잘 만들었어. 그래서 예쁜 딸들을 낳았지.
요즈음은 송편을 집에서 안 만들고 다 사 먹지.
이렇게 만들어 보니 재미있네.
색을 칠하니 옛날 생각이 나네."
"송편 속에는 깨도 넣고 콩도 넣었어.
나는 깨가 좋더라."

나이가 들어 직접 만들지는 못하지만, 추억을 되새기며 채색할 때는
예전 가족들과 도란도란 둘러앉아 만들던 여러 모양의 송편이 생각난다고 하였다.

활용 방법	1. 어린 시절, 명절에 가족들과 송편을 만들었던 기억을 떠올려 본다. 2. 함께 송편을 만들었던 가족을 추가로 그리고 쟁반에 송편도 더 그려 본다. 3. 그림을 완성한 후, 그림의 제목, 그린 날짜, 자신의 이름을 쓴다. 4. 주로 어떤 모양의 송편을 만들었는지, 어떤 추억이 있는지 이야기해 본다.

3.
어린 시절
추억의 간식
호박엿과 엿장수

예전 엿장수 기억나세요?
고물 가져오면 엿으로 바꾸어 주던
엿장수요.

"기억나고말고. 동네에 엿장수가 와서 가위 소리가 나면 아이들이 모여들었지.
빈 병으로 엿을 바꿔 먹을 수 있어서, 양념이 든 병의 양념을 버리고 엿 바꿔 먹었지.
"헌 고무신, 고철로도 엿 바꿔 먹었지.
아버지 고무신을 엿 바꿔 먹어 아버지에게 혼도 났어.
호박 엿이 맛있었어."

엿장수가 오면 서커스 하는 것처럼 아이들이 모여들었다.
간식이 부족했던 시절에 엿장수는 아이들에게는 훌륭한 간식 제공자였다.

활용 방법

1. 어린 시절, 엿장수에 대한 기억을 떠올려본다.
2. 내가 엿 바꿔 먹은 물건을 기억하고 추가로 그려 본다.
3. 그림을 완성한 후, 그림의 제목, 그린 날짜, 자신의 이름을 쓴다.
4. 어린 시절 간식으로 먹었던 것들에 대해 이야기해 본다.

4.
어머니가
해주는 등목

여름날 시원한 등목을
기억해 보세요.

"여름에 밖에서 땀을 뻘뻘 흘리면서 놀다 오면, 어머니께서 등목을 해주곤 하셨지.
그런데 난 물을 싫어해서 싫다고 했는데, 냄새난다고 억지로 등목을 시키곤 했지."
"여름에 물벼락을 맞으면 춥지. 하하하!"
"남편이 여름에 나갔다 들어와서 덥다고 하면 내가 자주 해주었지."
"우리 집 우물물이 차가웠거든.
여름에도 찬물을 끼얹으면 소름이 돋았어!"

변변한 욕실이 없던 시절, 여름 더위를 식힐 수 있었던 등목,
외출했다 돌아왔을 때 어머니가 자식들에게 해주던 등목,
남편의 더위를 식혀주기 위해 부인이 해주었던 등목,
이제는 보기 어려운 모습이지만,
아련한 향수를 불러일으키는 여름의 풍경이었다.

활용 방법

1. 어린 시절, 여름에 어머니가 해주던 등목을 떠올려 본다. 그런 기억이 없다면 어머니에게 등목을 받아보는 상상을 해본다.
2. 그림을 완성한 후, 그림의 제목, 그린 날짜, 자신의 이름을 쓴다.
3. 어린 시절 등목이나 목욕 문화에 대해 이야기해 본다.

5.
수 놓는 어머니

늦은 밤까지 수 놓던 어머니를
기억해 보세요.

"우리 어머니가 자수를 잘 만들었지.

옛날에는 혼수품으로 하려고 많이들 했지."

"손재주가 있어야 해.

난 덤벙대는 성격이라 잘 못했어."

보자기에 자수 문양을 넣기도 했고, 혼례식 폐백용으로 만들기도 했으며,

옛날 베개나 이불 등에도 많이 했다.

전통 자수 문양을 만다라 형식으로 그려 보는 것도 향수를 자극한다.

활용 방법

1. 어린 시절, 수를 놓던 어머니의 모습을 떠올려 본다. 어머니가 수를 놓지 않았어도 수를 놓는 어머니의 모습을 상상해 본다.
2. 그림을 완성한 후, 그림의 제목, 그린 날짜, 자신의 이름을 쓴다.
3. 어린 시절 어머니와 관련된 추억에 대해 이야기해 본다.

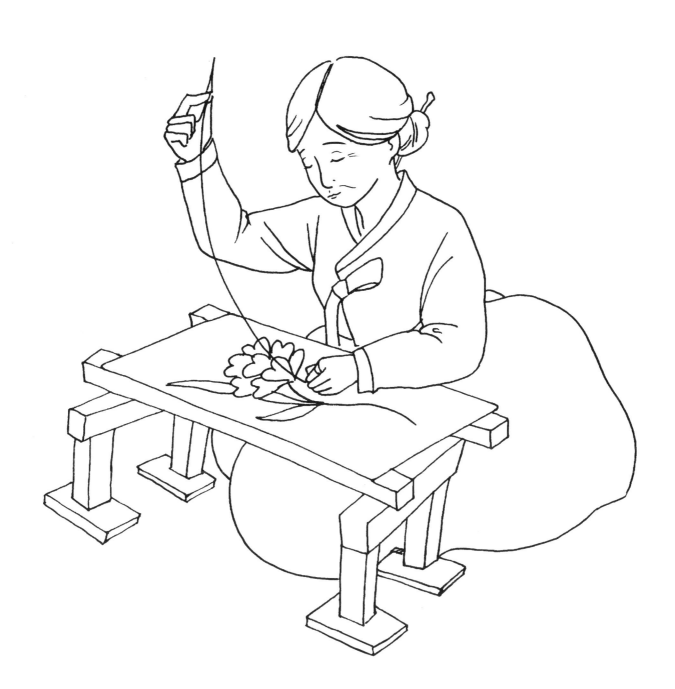

6.
학창 시절 난로 위 도시락

예전 학창시절, 난로 위에서
모락모락 김이 나던 도시락이
기억나세요?

"생각나지. 밥 타는 냄새도 나는 것 같아."

"예전에는 도시락을 못 싸 오는 친구도 많았어."

"잘 사는 친구들은 밥 위에 달걀부침을 덮어서 도시락을 싸 왔어!
나는 혼자 먹으려고 밥 아래에 달걀부침을 깔아서 싸 왔지. 하하하."

"난로 위에 도시락을 많이 포개서 올려놓으면 맨 아래 도시락은
까맣게 타서 집에 가면 어머니께 혼나고 그랬어."

학교 교실에 쓰여 있던 급훈은 생각나시나요?
칠판의 산수 문제도 풀어보세요.
급훈에 '정직', '바르게', '곱게', '굳게'라고 쓰신 분들이 있었다.
산수 문제는 다 푼 사람도 있고 그렇지 않은 사람도 있었다.

활용 방법

1. 학창 시절, 난로 위에 도시락을 옹기종기 올려두었던 기억을 떠올려 본다.
2. 칠판의 계산 문제도 풀고, 급훈도 써본다.
3. 그림을 완성한 후, 그림의 제목, 그린 날짜, 자신의 이름을 쓴다.
4. 친구들의 도시락 반찬, 기억에 남는 친구에 대해 이야기해 본다.

7.
학창시절 운동회

학창시절 운동회 생각나세요?
운동회 때 무슨 경기를 하셨는지
기억해 보세요.

"난 계주했었어. 목말 타기, 이인삼각 경기, 뜀박질, 줄다리기...
나는 뛰다가 방귀를 뿡뿡 뀌었어.
지금 생각해도 웃음이 나와. 그 이후 별명이 방귀쟁이가 됐어. 하하하!"
"운동회는 동네잔치였어."
"나는 뜀박질을 잘했어. 또 춤추는 것도 잘해.
이 그림 보니까 큰아들 국민학교 때가 생각나네."
"그때 운동회 할 때 뭘 입었더라..." 즐거운 기억을 하려고 애쓴다.
"나는 예술에 소질이 없었어.
늙어서 하려니 부끄러워. 그래도 예전 생각에 즐겁네."

고령자들은 채색한 후 숨은 그림도 찾아보았다.
쉬운 듯해도 어려워하는 것 같았다.
연필, 사다리, 자를 찾아내며, 소박한 웃음과 더불어 즐거운 시간을 보냈다.

활용 방법

1. 학창 시절, 운동회를 했던 기억을 떠올려 보고 어떤 운동을 잘 했는지 생각해 본다.
2. 숨은 그림 3가지, 연필, 사다리, 자를 찾아보고 다른 색으로 채색한다.
3. 그림을 완성한 후, 그림의 제목, 그린 날짜, 자신의 이름을 쓴다.
4. 운동회의 추억에 대해 이야기해 본다.

8.
젊은 시절 연애와 영화 이야기

1950년 이후의 한국 영화와 외국 영화 자료들을 모아 대형 스크린에 띄우고, 몇 곡의 추억의 영화 음악도 같이 들려주었다.

"외국 영화배우로는 오드리 헵번이 최고야.

우리나라 배우는 허장강, 나운규, 나애심, 노재신, 노재신이 주연을 맡았던

영화 '물레방아'는 시시했어. 자유부인은 유명했지.

나는 윤정희를 제일 좋아했어."

"문희도 예뻤어! 한국일보 며느리로 갔지."

"일본영화 <시나로요루>가 생각나. 나는 국도극장을 자주 갔어."

"그 옛날 그이와 둘이서 밤에 자전거 타고 수산극장에 간 생각이 나."

"옛날 단성사에서 손잡던 때, 손만 잡아도 아이 낳는 줄 알았다니까.

호호호."

"54년 전에 연애하는 시절이 생각나네.

사랑하는 이와 아세아 극장에 갔던 그 시절이 새삼 그리워지네."

활용 방법

1. 젊은 시절 봤던 영화, 자주 갔던 극장, 같이 봤던 애인에 대한 기억을 떠올려 본다.
2. 기억에 남는 영화의 제목, 극장 이름을 쓰고 같이 갔던 애인도 그려 본다.
3. 그림을 완성한 후, 그림의 제목, 그린 날짜, 자신의 이름을 쓴다.
4. 젊은 시절 좋아했던 영화 배우들이나 추억에 대해 이야기해 본다.

9.
사랑의 미로 찾기

연애 시절을 떠올려 보세요.
이 여자와 남자는 사랑의 미로를
통해서 연결됩니다.
연애 결혼하셨나요?
중매 결혼하셨나요?"

"이 그림의 여자는 젊을 때 나 같아. 옆에는 우리 영감이고.

그때 남자들은 짙은 색 옷들을 많이 입었어.

난 땡땡이 원피스를 입었던 거 같아.

미로를 찾아가기가 쉽지 않네."

"나는 첫사랑을 늦게 했어, 서른 살 때 중매로 만났는데

예전에는 거의 다 중매야."

말 주머니에 서로 주고받은 이야기를 써보기도 하였다.

하지만 쑥스러운 듯 짧은 글을 쓰셨다.

"조심해, 아무렴.", "사랑해, 고마워." 그리고 하트나 별 모양의 스티커를 잔뜩 붙인다.

"사랑이라는 말보다 정이라는 표현이 맞아.

정은 많은 것을 포함하지. 예전에는 밖에서 애 낳아 오는 것도 많이 봤어.

하하하."

활용 방법
1. 연애시절에 대한 기억을 떠올려본다.
2. 연필로 미로를 통해 상대방에게 가는 길을 찾아보고, 말풍선에 과거에 사랑하는
   사람에게 했던 사랑의 표현을 써본다.
3. 그림을 완성한 후, 그림의 제목, 그린 날짜, 자신의 이름을 쓴다.
4. 당시의 연애 풍습이나 추억에 대해 이야기해 본다.

10 .
첫날 밤

예전 전통 혼례식과 서양식 결혼식에 관한 사진과 자료들을 모아 대형 스크린에 띄워 보여 주면서, '갑돌이와 갑순이' 노래도 같이 들려드렸다.

"그땐 결혼식을 동네 거리에서도 했어.

동네 꼬마들이 필요했지. 들러리야."

"폐백을 할 때 대추를 받으면 아들 낳는다고 했어.

사돈 간에 폐백 할 때는 덕담을 해 줘야 해."

"나는 신식 결혼식을 했는데... 좋은 데는 아니지만, 신혼여행도 가고."

"신혼 첫날밤 기억나세요?

표정도 넣으시고 색을 칠하면서 그때를 회상해 보세요."

"우리 시대에는 첫날밤에 처음으로 신부를 보기도 했어, 어색했어.

뭐부터 하냐 하면..."

"나는 온양온천 관광호텔로 신혼여행을 갔는데 거기서 첫날밤을 보냈어.

그때 영감이 잘해줘서 좋았어. 정신이 없어서 다른 건 생각 안 나."

"첫날밤은 처가에서 잤어. 옛날에는 신혼여행은 없었어."

"46년 전에 둘이 하나가 되어 아들 둘, 딸 하나 낳고 지금까지 행복하게 잘살고 있어."

활용 방법

1. 결혼식 후 첫날 밤에 대한 기억을 떠올려본다.
2. 첫날 밤 자신이 했거나 상대방이 했던 말이나 행동을 떠올려 보고 그림에 글로 써본다.
3. 그림을 완성한 후, 그림의 제목, 그린 날짜, 자신의 이름을 쓴다.
4. 당시의 결혼 풍습이나 추억에 대해 이야기해 본다.

11.
내 아이
탄생의 금줄

이 그림에서 무엇이 생각나세요?

"첫아들 낳았을 때야. 아들은 고추, 딸은 아무것도 안 달았어.

나는 아들만 셋 이어서 낳았기 때문에 애 낳으면 고추 달은 금줄을 쳤지."

"난 딸만 셋이야. 그래서 그림에 고추는 색을 안 칠하고 숯만 칠했어.

아들이었으면 좋았을 텐데 딸이어서 조금 서운했어.

내 마누라는 아파서 딸 셋만 낳고 더 못 낳았어.

그래도 어떡해. 삼신할머니가 점지해 줬는데, 내 팔자지.

예전에는 딸만 있으면 밖에서 아기를 낳아 데리고 오기도 했는데 나는 안 그랬어."

"예전에는 딸을 낳으면 오동나무를 심었지.

나중에 시집갈 때 장롱 만든다고."

금줄을 자유롭게 그리고 집 주변의 모습도 첨가해서 그렸다.

나무를 그려 넣기도 하고 담장을 돌담으로 표현하기도 했다.

그림을 그리며 자연스럽게 자식의 이야기와 그 시대의 상황을 이야기하였다.

예전에 키웠던 개 이야기까지...

활용 방법

1. 자녀가 태어났을 때의 기억을 떠올려본다.
2. 성별에 따라 고추나 숯을 선택해서 채색하고 선택되지 않은 것은 덧칠로 없앤다.
3. 그림을 완성한 후, 그림의 제목, 그린 날짜, 자신의 이름을 쓴다.
4. 자녀 탄생 당시에 느꼈던 감정이나 상황, 추억에 대해 이야기해 본다.

12.
젖 먹는 아이

이 그림을 보면 어떤 생각이 나세요?

"난 일곱을 낳았는데 전부 내 젖 먹여서 키웠어.

나는 젖이 많아서 조카도 먹였었어.

그때는 배고픈 아이에게는 선뜻 젖을 물려주던 시절이었어.

지금은 어림도 없지."

"나는 엄마 젖을 늦게까지 먹었어. 7살까지 먹었어.

그때는 놀다가 심심하면 엄마에게 젖 달라고 했지. 할머니 젖도 빨았어."

"그때는 아이가 배고프다고 보채면 아무 곳에서나 젖을 물렸어."

"먹을 것이 별로 없던 그 시절에 엄마 젖은 간식과도 같은 것이었어."

활용 방법

1. 자녀를 양육할 때의 기억을 떠올려본다.
2. 성별에 따라 자기 자신이나 배우자의 양육 경험을 생각하면서 채색한다.
3. 그림을 완성한 후, 그림의 제목, 그린 날짜, 자신의 이름을 쓴다.
4. 자녀 양육 과정에 느꼈던 감정이나 상황, 추억에 대해 이야기해 본다.

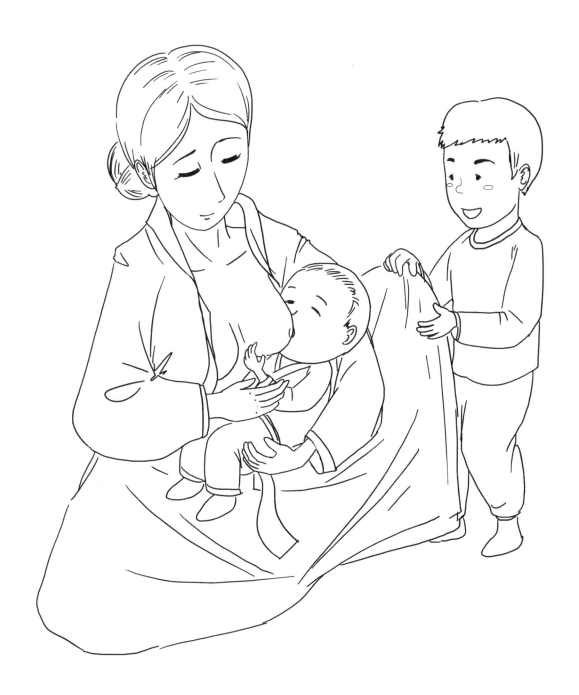

13.
내 아이들
추억의 간식
달고나

예전 추억의 군것질거리 자료를 대형
스크린에 띄워 보여드리며, 미리
준비한 달고나를 일 인당 하나씩
나누어 드렸다.
달고나 뽑기 생각나세요?

"뽑기를 기다리며 애들은 침을 꿀꺽꿀꺽 삼켰지.

구공탄 위에서 뽑기를 만들었어."

"그때는 간식이 별로 없었는데 '왜떡'이라고 하는 것이 있었어.

부모가 돈 몇 푼 주면 '왜떡' 사 먹으려고 난리였어.

내가 그것 한번 그려 볼까?"

"아이스케키도 생각나고, 엿도 생각나네.

엿 바꿔 먹으려고 엄마 고무신을 가지고 갔던 생각이 나네. 하하하."

"난 뽑기를 잘했어.

잘 뽑아서 한 개씩 더 받기도 했지."

활용 방법

1. 자녀가 초등학교(과거 국민학교) 다닐 때 달고나를 뽑던 기억을 떠올려 본다.
2. 그림에 자녀가 다녔던 초등학교의 이름을 기억해서 써본다.
3. 그림을 완성한 후, 그림의 제목, 그린 날짜, 자신의 이름을 쓴다.
4. 자녀를 키울 때 간식과 관련된 추억에 대해 이야기해 본다.

14 .
소독차 동네
한 바퀴

예전의 소독차 생각나세요?

"동네에 소독차가 자주 돌아다녀서, 아이들은 신이 나서 쫓아다녔어.

얘들한테 이가 많았어, 빈대도 있었고, 더럽고 지저분했지.

그래서 콜레라도 많이 걸렸어. 그래서 자식들이 죽기도 했어."

"청계천이 많이 좋아졌어.

예전에는 개도 팔고 그랬지."

"지금은 복개해서 많이 좋아졌지.

그때는 깡패도 많았어."

"엄마가 일주일에 한 번씩 참 빗질하라고 했어.

호호호."

소독차라는 주제가 사회적인 이슈로 확장되며 회상 이야기를 풀어갔다.

활용 방법

1. 동네를 소독했던 소독차에 대한 기억을 떠올려 본다.
2. 그림을 완성한 후, 그림의 제목, 그린 날짜, 자신의 이름을 쓴다.
3. 당시의 소독차, 전염병 등 위생에 관련된 이야기를 해 본다.

15 .
내 아이와
함께 간 목욕탕

옛날 목욕탕의 모습을 담은 사진들을
모아서 대형 스크린으로 보여 드렸다.
예전의 목욕탕 모습 기억나세요?

"딸은 엄마가, 아들은 아빠가 데리고 갔지.

예전에는 신혼여행도 온천으로 갈 정도로 목욕을 중요시했어.

함경도의 주을 온천이 유명했지. 백암온천도 유명했고."

"안 가겠다는 아들 데리고 가서, 그놈 훌쩍 큰 모습에 흐뭇했던 생각이 나네."

여성 고령자는 배경에 있는 등 밀기를 하는 남자와 아이의 모습을

긴 머리의 엄마와 딸의 모습으로 바꾸어 그리고, 탕 안의 사람도 파마머리의

여자로 바꾸어 그렸다.

그때 그 시절 목욕은 일주일에 한 번, 이 주일에 한 번씩 가던 주말 행사였다.

자녀들을 데리고 가기도 하고 노부모님을 모시고 가기도 했다.

목욕탕은 자녀들이 얼마나 성장했는지, 부모님께서 얼마나 연로하셨는지

확인을 하는 장소이기도 했다.

활용 방법

1. 자녀와 함께 목욕탕에 가서 때를 밀었던 기억을 떠올려 본다.
2. 자신의 성별에 맞춰 인물들의 머리모양, 얼굴표정 등을 그린다.
3. 그림을 완성한 후, 그림의 제목, 그린 날짜, 자신의 이름을 쓴다.
4. 당시 목욕탕과 관련된 추억을 이야기해 본다.

16.
내 아이의 등교

자녀들이 중·고등학교 다닐 때
생각나시죠? 교복 입고 학교 가던
모습이에요.
그때 이야기를 해주시겠어요?

"그땐 전부 교복 입었지. 학생은 교복을 입어야 학생티가 나."

"아들놈이 사복 입고 몰래 성인용 영화 보러 갔다가
선생님에게 들켜 학교 불려 가기도 했지."

"그땐 버스에 차장이 있어 학생들을 버스로 밀어 넣곤 했지."

"그림을 보니 우리 딸 학교 다녔던 모습이 생각나네.
세월 참 빠르다."

활용 방법

1. 자녀가 중고등학교 다닐 때 교복을 입고 등교하던 모습을 떠올려 본다.
2. 자녀가 다녔던 고등학교의 이름을 생각하고 그림에 써본다.
3. 그림을 완성한 후, 그림의 제목, 그린 날짜, 자신의 이름을 쓴다.
4. 자녀의 교복이나 등교와 관련된 추억을 이야기해 본다.

17.
우리 집
김장하는 날

예전의 김장하던 풍습과 관련된 사진
자료들을 모아 대형 스크린에 띄워
보여 드렸다.
예전에 김장하는 날 생각나세요?

"남자들이야 별로 할 일이 있나.
맛있게 먹어 주는 것이 할 일이지.
김장하는 날은 김장하고 나서 겉절이 무쳐서
돼지고기랑 같이 먹는 것이 최고야."
"난 살림이 커서 김장도 많이 했어.
몇백 포기씩 해서 나눠 먹었지.

살아온 지방에 따라 김치의 종류가 다양하듯이
김장하는 날의 모습도 다양했다.

활용 방법

1. 김장하던 날의 모습을 떠올려 본다.
2. 빈 대야에 김장 재료들을 그려 본다. 도와주던 사람이 있으면 추가해 그려도 좋다.
3. 그림을 완성한 후, 그림의 제목, 그린 날짜, 자신의 이름을 쓴다.
4. 김장하던 날과 관련된 추억을 이야기해 본다.

18.
자녀 졸업식

자녀 졸업식 생각나시죠?
졸업사진이라고 생각하고
그려 보세요.

"그 당시는 졸업식이 요란했어. 밀가루를 뒤집어쓰고
다니기도 했고 옷도 찢고 그랬지."
"졸업식 하면 자장면이지. 거기에 탕수육도 시키고."
"그때는 대학생이 지금처럼 많지 않았어.
대학 못 나온 사람이 더 많았어."

꼭 대학교라고 생각하지 않아도 괜찮습니다.
고등학교 졸업식이라고 생각하고 그리셔도 됩니다.

"난 그때 바빠서 큰아이 졸업식에 가지도 못했어.
그래서 졸업식 사진에는 내가 없어."

활용 방법

1. 자녀가 졸업하던 날의 모습을 떠올려 본다.
2. 자신과 배우자의 표정을 그리고, 자녀는 성별에 맞춰 그린다.
   졸업사진이라고 생각하고 그려 본다.
3. 그림을 완성한 후, 그림의 제목, 그린 날짜, 자신의 이름을 쓴다.
4. 자녀가 졸업하던 당시의 풍습과 추억을 이야기해 본다.

19 .
명절 차례상

명절 차례상과 관련된 사진 자료들을
대형 스크린에 띄워 보여 드렸다.
명절 차례상입니다.
집안마다 예법이 다르겠지만 생각나는
데로 음식을 그려 넣어 보세요.
음식을 그리기 힘드시면 화면에 있는
사진 자료를 보고 그리셔도 됩니다.

"그릇이 왜 이렇게 많아? 그리기 힘들어."

"예전 명절에는 돌아가며 차례를 모셨어.

제일 큰 집이 먼저 모시고, 순서대로 모셨지.

그러다 보니 막내에 해당하는 집은 점심때나 되어야 제사를 모실 수 있었어."

일일이 음식을 그리기 힘든 분은 글씨로 대신 쓰셨다.

위패에는 이름을 쓰지는 않았지만 "~신위"라고 적었다.

활용 방법	1. 명절 차례를 지내던 때의 모습을 떠올려 본다. 2. 차례상의 빈 접시에 과거 차례상에 올렸던 음식을 생각해서 그려 본다. 3. 그림을 완성한 후, 그림의 제목, 그린 날짜, 자신의 이름을 쓴다. 4. 차례를 지내던 각 지방의 풍습에 대해 이야기해 본다.

20 .
자녀 결혼식

자녀 결혼 시키실 때 기억나시죠?
그때 모습을 그려 보세요.

"난 사위를 잘 얻었어. 잘 생기고 딸에게도 잘 해줘."
"딸 애 결혼시킬 때 잘못 해준 것이 마음에 걸려.
그때 집안 형편이 어려워서 거의 빈손으로 시집 보냈어.
지금은 잘살고 있지만."

각자 다른 인생을 살았기 때문에 자녀 결혼식에 대해 가지고 있는
기억도 긍정적인 것과 부정적인 것으로 나누어졌다.

활용 방법

1. 자녀를 결혼시킬 때의 모습을 떠올려 본다.
2. 혼주석의 자신과 배우자의 얼굴표정을 그려 본다.
3. 그림을 완성한 후, 그림의 제목, 그린 날짜, 자신의 이름을 쓴다.
4. 자녀 결혼과 관련된 이야기를 해 본다.

21 .
손주 세뱃돈 주기

설날 손주들에게 세배받고 세뱃돈
주시던 때 기억나시죠?
그 모습을 그리세요.
세뱃돈 금액도 써 주세요.

"난 목욕탕을 했어, 명절뿐만 아니라 평소에도 손주들이 오면 용돈을 주었지.
그래서 난 인기 있는 할아버지였어. 하하하."
"나이 먹는 것이야 두렵지만, 손자들 크는 것 보는 재미야 쏠쏠하지."

손주 얘기가 나오니 분위기가 화기애애해졌다.
이미 장성한 손자들을 보면 세월이 참 빠르다고 느낀다고 했다.

활용 방법	1. 새해 손자에게 세뱃돈을 줄 때의 모습을 떠올려 본다. 2. 자신과 배우자의 얼굴 표정을 그리고 세뱃돈의 금액도 써본다. 3. 그림을 완성한 후, 그림의 제목, 그린 날짜, 자신의 이름을 쓴다. 4. 세뱃돈과 관련된 이야기를 해 본다.

22.
우리 가족 사진

자녀, 손주들이 있는 가족사진을
그려 주세요.

"난 사진 찍는 것을 좋아하지는 않았어.
그래서 내 가족 전부가 나온 사진이 없어."
"얼마 전까지는 자주 가족사진을 찍었는데, 최근에는 못 찍었네.
손주 녀석들이 훌쩍 커서 크게 그려야겠네."

자신이 이룬 가족을 생각하며 가족사진을 그리고 자식들에 대한
자랑과 걱정을 하였다.

활용 방법

1. 자녀, 손자들과 함께 가족사진을 찍을 때의 모습을 떠올려 본다.
   만약 없다면 지금 가족 사진을 찍는다고 생각하면 된다.
2. 가족 구성원에 맞게 얼굴 표정을 그려 넣는다. 추가로 그리고 싶은 사람은 옆에 그린다.
3. 그림을 완성한 후, 그림의 제목, 그린 날짜, 자신의 이름을 쓴다.
4. 가족들과 관련된 추억이나 이야기를 해 본다.

23.
자화상

자신의 자화상을 그려 보세요.

"난 그림 잘 못 그리는데. 내 얼굴 그리기가 어려워."
"내 젊은 시절 모습이야. 그땐 잘 생겼었어."

대부분의 고령자는 과거 자신의 모습 중 가장 기억에 남는 긍정적인 모습을 그렸다.
오랜만에 자기 자랑도 하고 긍정적인 면을 재발견하면서 즐거운 시간을 보냈다.
감정에 따라 재료를 선택하고 채색하였다.
그림을 그린 후에는 자신의 직업, 생활환경, 가족관계 등을 이야기하였다.

활용 방법

1. 어떤 자신의 모습을 그릴 것인지에 대해 생각해 본다.
2. 젊은 시절의 모습, 현재의 모습을 그려도 좋고 그림에 자신이 없으면 핸드폰이나
   자신의 사진을 보고 그려도 된다.
3. 그림을 완성한 후, 그림의 제목, 그린 날짜, 자신의 이름을 쓴다.
4. 자신이 살아온 삶, 자신이 이룬 가족에 대해 생각해 보거나 이야기를 해 본다.

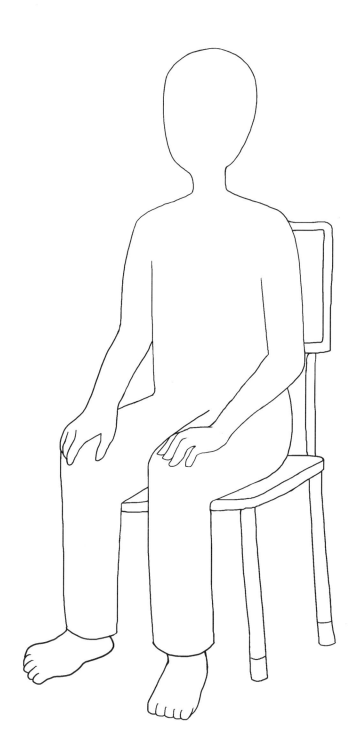

24 .
남기고 싶은 유산

자녀들에게 남기고 싶은 유산을
그리거나 글을 남겨보세요.

"나는 아들 셋에게 집 하나씩 다 사줬어.

난 철강 사업을 했거든. 나는 딸이 걱정이야."

"공부시킨 것이 재산이지 뭐."

"사랑, 우애."

어떤 분들은 다소 쑥스러운 듯 말로는 하지만 실제로 글로 남기지는 않았다.

아직은 남기고 싶은 유산이나 글을 쓰기에는 이르다고 생각하시는 분들도 많다.

활용 방법

1. 자녀나 가족들에게 남기고 싶은 유산이나 글귀가 있는지 생각해 본다.
2. 남기고 싶은 것을 그림이나 글로 표현해 본다.
3. 그림을 완성한 후, 그림의 제목, 그린 날짜, 자신의 이름을 쓴다.

제2장

실버 컬러링

Silver Coloring

시간순과는 상관없이
아련한 추억을 불러일으키는
컬러링

1.
전통 문양이 있는
복주머니

"예전에는 복주머니를 차고 다니기도 했지만, 방안에 걸어 두기도 했어.
그 안에 복이 들어 있다고 생각했거든."
"보기만 해도 좋지. 그 안에 돈이 들어 있거든."

호주머니가 없는 한복을 입을 때면 허리에 차고 다니던 복주머니.
예전에는 새해 선물로 나눠주기도 했다.
요즘은 구정 명절에 한복을 입을 때만 세뱃돈을 넣기 위해 한복에 매단다.
복주머니에는 장수, 복, 재물, 명예를 뜻하는 한자를 새기기도 한다.

활용 방법

1. 옛날 새해에 받았던 복 주머니를 생각하며 색칠을 한다.
2. 그림을 완성한 후, 그림의 제목, 그린 날짜, 자신의 이름을 쓴다.
3. 복 주머니와 관련된 기억이나 추억을 이야기해 본다.

2.
꽃신

"나는 꽃신을 신고 싶어도 못 신었어, 검정 고무신만 신었지.
사실 그때 검정 고무신도 아무나 신을 수 있는 것은 아니었어."
"이 신발은 누구에게 선물할까요?"
"누구에게 선물하긴? 내가 신어야지. 호호호"
"이 신발 신고 어디 가고 싶으세요?"
"지금은 죽었지만, 영감 만나러 가고 싶어."

과거에 동경했던 예쁜 신발에 대한 추억, 나이가 들었지만,
여전히 간직하고 있는 여성성, 꽃신을 신고 자유로워지고 싶은 욕구, 예쁜 신발을
소유하고 싶은 욕구 등이 어울려 꽃신을 그리면서 아주 많이 행복해하였다.
꽃 모양 스티커도 붙이고 반짝이 풀로 예쁘게 장식도 하였다.

활용 방법	1. 옛날 신고 싶었던 꽃신이나 사주고 싶었던 꽃신을 생각하며 색칠을 한다. 2. 그림을 완성한 후, 그림의 제목, 그린 날짜, 자신의 이름을 쓴다. 3. 꽃신과 관련된 기억이나 추억을 이야기해 본다.

3.
재봉틀

"시집가기 전부터 지금까지 계속 사용하고 있지."

"예전에는 내가 재봉틀로 아이들 옷을 전부 만들어 입혔어."

"지금은 눈이 침침해서 바늘귀 꿰는 것이 힘들지만, 눈이 안 보여도 잘해."

가난했던 시절, 삯바느질로 자식들 뒷바라지하던 어머니들이 있었다.

자다가 깨었을 때 들리던 어머니가 돌리던 재봉틀 소리, 그래서 그런지

재봉틀에 대한 애정은 남다르다.

결혼 때 혼수로 가져가기도 했던 재봉틀은 집마다 하나씩 있었던

중요한 재산이었다.

활용 방법
1. 옛날 집에서 돌렸던 재봉틀을 생각하며 색칠을 한다.
2. 그림을 완성한 후, 그림의 제목, 그린 날짜, 자신의 이름을 쓴다.
3. 재봉틀과 관련된 기억이나 추억을 이야기해 본다.

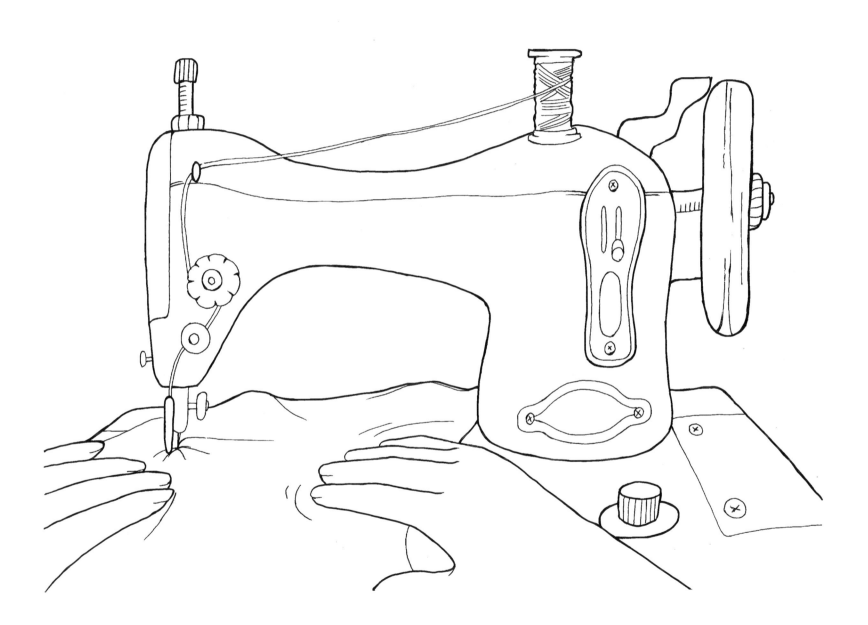

4.
못난이 인형

"일본에서 들어온 인형이야. 인기가 좋았지. 없는 집이 없었어."
"소리가 나는 못난이 인형도 있었어. 배를 누르면 소리가 났지."
"나는 오늘 어떤 인형의 모습일까 하고 생각해 보기도 했지."

우는 표정, 웃는 표정, 화난 표정의 못난이 3형제 인형은 옛날 집 한편을
장식하던 인기 있는 캐릭터였다. TV 위에 있기도 하고 화장대 위에 있기도 하고...
우리의 그날그날의 감정을 대변해 주던 인형이기도 했고, 우리의 걱정을 대신 해주
던 걱정 인형들이기도 했다.

활용 방법	1. 옛날 집안에 있었던 못난이 인형을 생각하며 색칠을 한다. 2. 그림을 완성한 후, 그림의 제목, 그린 날짜, 자신의 이름을 쓴다. 3. 못난이 인형과 관련된 기억이나 추억을 이야기해 본다.

5.
신선로

"칠순 잔치 때 먹어 보았지."

"나는 집에서도 많이 만들어 먹었어.

신선로 요리에는 고기가 꼭 들어가야 해.

고깃국물이 우러나야 제맛이 나거든."

신선로는 궁중음식이다.

예전에는 가장 호화로운 음식이었으며, 함부로 먹어 볼 수 없었던 음식이었다.

꽃신과 마찬가지로 가지지 못한 것에 대한 애잔한 향수가 있다.

신선로에 들어가는 음식 재료를 얘기하고, 채소나 고기 그림을 이용해

콜라주를 해도 재미있다.

활용 방법

1. 옛날 먹었던 신선로 요리에 대해 생각하며 색칠을 한다.
2. 그림을 완성한 후, 그림의 제목, 그린 날짜, 자신의 이름을 쓴다.
3. 신선로와 관련된 기억이나 추억을 이야기해 본다.

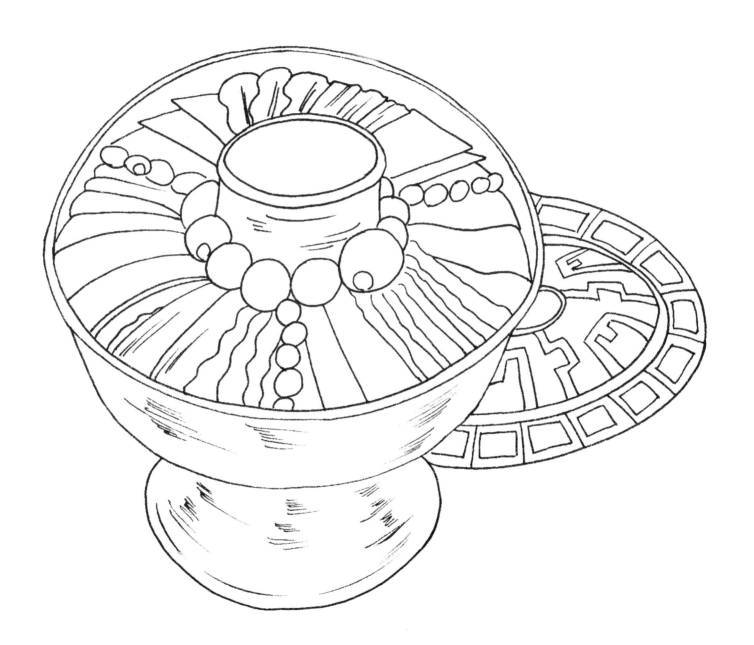

6.
봄 풍경:
화사한 봄꽃

봄꽃 하면 무엇이 생각나세요?
"개나리와 진달래지. 진달래는 화전도 부쳐 먹어.
아, 참, 목련도 있지!"

무슨 색으로 칠할까 고민하는 고령자들에게 자신의 감정과 연결해서 색으로
표현하라고 하니 편안해하였다. 그러나 역시 기억 속의 노랑과 분홍색을 위주로
그렸다. 봄을 연상하는 음악과 함께 기억을 되살렸다.

"난 멋지게 배경도 넣었어.
하늘이야. 제목은 <나도>야. 나도 꽃처럼 피고 싶어서.
어릴 때는 진달래꽃을 따 먹었어. 어릴 때 생각이 나네.
분홍빛인데 더 진한 색이었던가?"
"난 진달래를 빨강으로 칠했어. 지금 우리 집에는 활짝 피었을 거야.
내 제목은 <정열의 진달래>야."

봄꽃을 그리면서 저 꽃처럼 다시 한번 피고 싶은 애절한 소망이 묻어났다.

활용 방법	1. 진달래, 개나리 등 봄꽃을 생각하며 색칠을 한다.
	2. 그림을 완성한 후, 그림의 제목, 그린 날짜, 자신의 이름을 쓴다.
	3. 봄꽃과 관련된 기억이나 추억을 이야기해 본다.

7.
가을 풍경:
감나무와 장독대

"장독대가 깨끗해야 살림 잘하는 여자라는 소리를 들을 수 있었어."

"장독에 된장, 고추장이 그득그득해야 부자가 된 느낌이지."

장독대 위에 먹음직스러운 감이 매달린 가을의 풍경이다.

여성 고령자들은 장독대에 얽힌 사연이 한두 개씩은 있었다

활용 방법	1. 감나무, 홍시, 장독대 등 가을의 풍경을 생각하며 색칠을 한다.
	2. 그림을 완성한 후, 그림의 제목, 그린 날짜, 자신의 이름을 쓴다.
	3. 가을과 관련된 기억이나 추억을 이야기해 본다.

8.
겨울 풍경:
눈 내리는 초가집

"예전에는 겨울에 눈이 정말 많이 내렸지. 그런데 요즘은 눈 보기가 어려워."

"난 시골에서 자랐는데 눈만 오면 동네 개들이 나와서 난리였지.

개들도 눈이 좋은가 봐."

예전에는 시골 마을에 눈이 내리면 아이들이 뛰어나와 놀고

개들도 덩달아 뛰어다녔다.

가을 농사일을 마무리하고 편안한 휴식을 취하는

시골 마을의 풍경 그림을 보며 저마다 추억에 잠겼다.

활용 방법	1. 어릴 적 겨울의 풍경을 생각하며 색칠을 한다. 2. 그림을 완성한 후, 그림의 제목, 그린 날짜, 자신의 이름을 쓴다. 3. 겨울과 관련된 기억이나 추억을 이야기해 본다.

Life review Reminiscence Coloring
전문가 활용 TIP

어릴 때 좋아했던 반찬도 그리고, 식탁 옆 부분에 형제 자매들도 그려본다.
반찬을 그리기 어려우면 잡지에서 반찬 모양을 오려 붙이는 콜라주도 좋다.

색 점토를 이용해서 어릴 때 만들었던 송편 모양을 만들어 보고
그림에 붙여보는 것도 좋다.

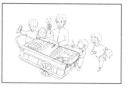

예전에 엿 바꿔 먹었던 물건들을 그려도 좋고 잡지 등에서 찾아 오려 붙이는
콜라주를 해도 재미있다.
색 점토로 엿을 만들어 붙여도 좋다.

수도가 없었던 사람들은 우물을 그려도 좋다.
물감을 사용해서 색칠을 하는 것도 좋다.

빈 공간에 자수 문양을 보고 추가로 그리거나
잡지에서 찾아 붙여도 좋다.

칠판에 있는 계산 문제도 풀고 기억에 남는 급훈도 써 봄으로써 고령자들의 계산력과
기억력 향상을 도모할 수 있다. 집단 워크의 경우, 산수 문제 답을 보고 100점 혹은
'참 잘했어요.'를 써 주는 것도 좋다.

 자신의 어린 시절 운동회를 회상하며 그려도 좋고, 자녀들과 함께 한 운동회의 기억을 떠올리며 그려도 좋다.
숨은 그림을 찾아 다르게 색칠도 해보고 자신이 잘 했던 종목을 추가해서 그려 보는 것도 좋다.

 가장 기억에 남는 영화 제목과 극장 이름도 써보고 주연 배우를 기억해 보는 것도 좋다.
영화관에 간 적이 없는 분들도 TV를 통해 인상 깊게 본 영화를 기억해 내고 제목을 쓰고 배우를 생각해
그려보는 것도 좋다.

 연인끼리 주고 받았던 말을 써 보거나, 과거에 사랑했던 사람에게 하고 싶었지만 할 수 없었던 말을
말 풍선에 써보는 것도 좋다. 그림을 완성하고 반짝이 풀이나 비즈를 이용해 장식을 할 수도 있다.

 신혼 첫날밤의 추억은 누구에게나 소중하다. 말 풍선을 넣어 신랑이 신부에게,
신부가 신랑에게 했던 사랑의 약속을 기억해 보거나 써 보는 것도 좋다.

 집단에서 이 그림을 이용하여 워크를 할 때 실제 금색 끈을 새끼줄처럼 매달고 고추나 숯을 그린 후
오려 풀로 붙이면서 작업을 하면 좋다.

 이 그림은 여성 고령자들의 회상을 돕기 위한 그림이다.
남성들의 경우 어머니에 대한 기억을 불러 일으키는 그림이 되기도 한다.

집단 워크의 경우, 뽑기 '달고나'를 구해서 하나씩 나누어 주고 실제로 뽑기를 해 보는 것도 좋다.
직접 체험하게 하는 것이 회상에 큰 도움이 된다.
달고나를 구하기 어려우면 뻥튀기를 이용해도 된다.

집단 워크의 경우, 서로 다른 환경에서 살아왔겠지만 힘들고 고달팠던 시절의 추억을 회상하고
서로의 경험담을 얘기해 보는 것도 좋다.

탕 속에 들어가 있는 사람의 모습을 부모님의 얼굴이나 자녀의 얼굴로 그릴 수 있다.
어릴 때 부모님을 따라 갔던 목욕탕의 모습과 나이 들어 부모님을 모시고 갔던 목욕탕의 모습을
떠올려 보는 것도 좋다.

자녀들이 다녔던 학교의 이름도 써보고 교복이나 교모의 특징을 떠올려 그려 보는 것도 재미있다.
또, 자녀들의 학창시절에 있었던 재미있는 일들에 대해 서로 이야기해 보는 것도 좋다.

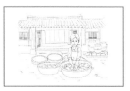

같이 김치를 담았던 가족이나 친지들을 떠올려 보고 그리는 것도 좋고,
김장 김치를 먹으려고 기다리는 남자들의 모습을 그려 보는 것도 좋다.
김치의 재료를 생각하고 같이 그려보는 것이 기억력 향상에 도움이 된다.

대학교 졸업식의 모습을 그린 그림이나 학사모를 지우고 고등학교 졸업식으로 그려도 된다.
졸업식에 참석했던 사람들을 기억하고 같이 그려도 좋다.

돌아가신 분들을 생각하면서 정성스레 음식을 만드는 마음으로 그림을 그리면 좋다.
지난 날의 추억을 되새겨 볼 수도 있고 미해결과제를 생각해 볼 수도 있다.
집단에서 활용할 때는 잡지 등에 있는 음식 그림을 이용하여 콜라주를 할 수도 있다.

자녀를 결혼시키는 부모의 입장에서 그린 그림이다.
회상의 소재일 수도 있지만, 아직 자녀를 결혼시키지 않은 부모에게는
미래에 이런 결혼식을 시키고 싶다는 소망을 표현할 수도 있다.

세뱃돈의 금액을 써보는 것도 좋고, 세뱃돈 이외에 주었던 선물이 있었다면 그려 보는 것도 좋다.
말 풍선을 그려 후손들에게 덕담 한 마디나 하고 싶은 말을 써 보는 것도 좋다.

자녀, 손자를 포함한 가족사진을 그려봄으로써 자신의 삶의 의미를 확인할 수 있다.
그림을 그리기 어려운 고령자의 경우, 잡지 등에서 적절한 사람의 얼굴을 오려 붙일 수도 있다.

집단에서 이 그림을 사용하여 회상 프로그램을 진행할 때, 사전 검사로 시작할 때 자화상을 그리게 하고
사후 검사로 마지막에 다시 그리게 하여 사전, 사후 검사에 나타난 자화상의 변화를 살펴보는 것도 좋다.

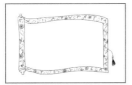

후손들에게 남기고 싶은 유산이나 하고 싶은 말을 그림이나 글로 표현하면 자신의 인생을
좀 더 의미 있는 것으로 재인식할 수 있고, 삶의 존재감을 확인할 수 있다.

초판 2 쇄   2021년 10월 22일
초판 1 쇄   2021년 3월 22일
지 은 이 _ 조영신
펴 낸 이 _ 김현태
디 자 인 _ 장창호
펴 낸 곳 _ 따스한 이야기
등   록 _ No. 305-2011-000035
전   화 _ 070-8699-8765
팩   스 _ 02- 6020-8765
이 메 일 _ jhyuntae512@hanmail.net

따스한 이야기 페이스북, 인스타그램

https://www.facebook.com/touchingstorypublisher
https://www.instagram.com/touchingstorypublisher

따스한 이야기는 출판을 원하는 분들의 좋은 원고를
기다리고 있습니다.

가격 13,000원